课本里学不到的

疯狂科学实验

制作与发明

段伟文　主编

中国科学技术出版社
·北　京·

图书在版编目(CIP)数据

课本里学不到的疯狂科学实验. 制作与发明 / 段伟文主编. -- 北京：中国科学技术出版社，2022.10

ISBN 978-7-5046-9800-1

Ⅰ. ①课… Ⅱ. ①段… Ⅲ. ①科学实验—青少年读物 Ⅳ. ①N33-49

中国版本图书馆CIP数据核字（2022）第164769号

前 言

科学素质是公民素质的重要组成部分，也是少年儿童成长为合格公民的必备素质。科学素质的基础是了解必要的科学技术知识，掌握基本的科学方法，树立科学思想，崇尚科学精神。科学素质的培养要从娃娃抓起，为了成长为建设创新型国家的主力军，广大少年儿童不仅要掌握必要的和基本的科学知识与技能，还要积极开展各种生动有趣的科学实验，从中体验科学探究活动的过程，培养良好的科学态度、情感与价值观，将自己造就为具有创新意识、探究兴趣和实践能力的有用之才。

科学探究的动力来自人们对自然界与生俱来的好奇心。边缘长满小齿的草叶让鲁班发明了锯，头顶上的浩瀚星空使托勒密和哥白尼想到了宇宙体系，对教堂里吊灯微微摆动的关注使伽利略发现了单摆的等时性，对苹果落地的好奇让牛顿找到了万有引力，对孵小鸡都感到新奇的好奇心让爱迪生给人类带来了电灯、留声机等数以千计的发明。利用自然的力量造福人类的理想，为我们带来了日新月异的科技文明。作为现代文明标志的电话、电视、汽车、计算机，无一不是科技的力量与人类的目标相结合的产物；绿色能源、深海潜水、载人航天的成功，无一不是创新与人类的需要相互激荡的结果。

科学并不神秘，更没有什么代表科学力量的“魔法石”，科学的本质在于好奇心和造福人类的理想驱使下的探索和创新。大自然喜欢隐藏她的奥秘，往往不直接回应我们的追问，但只要善于思考、勤于动手、大胆假设、小心求证，每个人都能像科学大师一样——用永无止境的探索创新来开创人类的文明。

小朋友，快快翻开这套书，用你们与生俱来的好奇心和造福人类的纯真理想开创一条探索创新之路吧！

目录

千奇百怪的肥皂泡

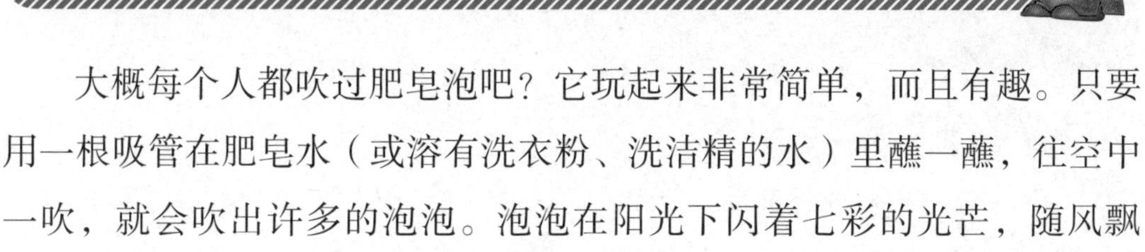

大概每个人都吹过肥皂泡吧？它玩起来非常简单，而且有趣。只要用一根吸管在肥皂水（或溶有洗衣粉、洗洁精的水）里蘸一蘸，往空中一吹，就会吹出许多的泡泡。泡泡在阳光下闪着七彩的光芒，随风飘舞，仿佛带我们走进了梦幻般的童话世界。

但是，这样吹出来的泡泡一般都是圆形的，而且个头不大。跟着我们学会下面的实验操作，你就能吹出更加绚烂多彩，而且形状千奇百怪的泡泡了。

·探索主题·

光的干涉

提出假说

水本身很难吹出泡泡。但当我们在水中加入肥皂时，肥皂水的表面张力会减少到普通水的1/3，使肥皂水具有很强的延展性，可以形成肥皂泡泡的薄膜。当光照射到泡泡上时，从泡泡表面反射的光和透过泡泡表面从后面薄膜反射回来的光会发生光的干涉现象。由于光的干涉，有些颜色的光会消失，有些颜色的光会变得更加明显，从而在泡泡表面出现五颜六色的图样。

搜集资料

到图书馆或上网查找关于光的干涉、液体表面张力等方面的资料。

安全提示

1. 洗涤用品不能入口。
2. 如果肥皂水溅入眼睛，要马上用清水冲洗。

实验材料

1. 柔软的铁丝
2. 吸管（其他空心细管也可以）
3. 洗洁精（或洗衣粉、肥皂）
4. 大水盆
5. 清水
6. 甘油（药店有售）

用洗涤剂和清水混合做成需要的溶液，加入一定量的甘油可以增加泡泡的延展性。用铁丝和吸管做成各种几何形状的框架，在溶液里浸放后，就可以拉出各式各样的立体泡泡了。而且只要小心，还可以拉出非常大的泡泡。随着泡泡几何形状的变化，泡泡表面也会出现各种各样的彩色图案。

·实验程序·

1. 往大水盆里倒入一定量的洗洁精、少量的甘油，加水稀释，三者大概比例为10：1：100。搅匀后， 放置一段时间。
2. 把铁丝弯成如图所示的形状，作为制作几何框架的“接头”，共制作八个。注意要使其三个圆弧形的“头”比吸管孔径略大。
3. 将四个弯好的铁丝“接头”调整至一定角度（如正三角锥要求每个圆弧形的“头”之间的夹角为60°），将吸管（三角锥的边）两端的孔径分别插入“接头”，并保证吸管不会轻易从“接头”上脱落。这样就做成了一个三角锥形的框架。

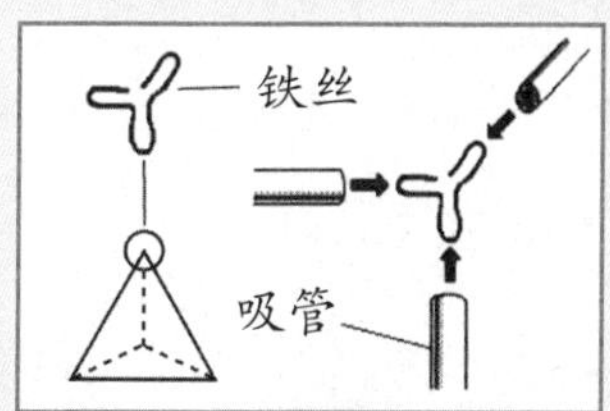

4. 把做好的三角锥形的框架浸放在水盆中的混合溶液中，再慢慢地提起框架。注意观察泡泡的形状和泡泡表面的色彩。
5. 改变铁丝“接头”的形状（立方体要求每个圆弧形的“头”之间的夹角为90°），并重复上述步骤3—4，观察立方体框架形成的泡泡的形状和色彩。
6. 用铁丝弯一个大圆圈，把圆圈放到溶液里，慢慢提起来，看看能拉出多大的泡泡，观察泡泡表面的色彩。

·实验数据·

框架的形状	泡泡的形状和表面色彩
三角锥（四面体）	
立方体	
圆圈	

分析讨论

1. 甘油的作用是什么？不加可以吗？
2. 你能解释一下光的干涉原理吗？
3. 三次实验制作出的泡泡表面的色彩和图案是一样的吗？它跟哪些因素有关？

发散思考

1. 溶液放置时间对实验有影响吗？
2. 泡泡表面出现色彩的原理和露珠表面出现色彩的原理相同吗？
3. 为什么平常吹出来的泡泡都是圆的？

自制风向标

空气的流动就是风，风可以吹得很强很猛烈，也可以吹得很轻很温柔。

气象学上把风吹来的方向确定为风的方向。因此，来自北方的风就叫北风；来自南方的风就叫南风。如果风向在某个方位左右摇摆，不能确定，就加个“偏”字，如偏北风。当风力很小时，则用“风向不定”来说明。据观测发现，我国华北、长江流域、华南及沿海地区冬季多刮偏北风（北风、东北风、西北风），夏季多刮偏南风（南风、东南风、西南风）。

用角度表示风向，把圆周分成360°，北风是0°（即360°），东风

是90°，南风是180°，西风是270°，其余的风向都可以由此计算出来。

风向频率=某风向出现的次数÷风向的总观测次数×100%

下面我们就自己动手做一个风向标，测测你生活的地方在这个季节的风向。

·探索主题·

风向

提出假说

风吹来的方向即风的方向。风向标随风转动，能够比较灵敏地测出风的方向。

搜集资料

到图书馆或上网查找关于风向、风向标等方面的资料。

实验材料

1. 一个一次性纸杯或一次性塑料杯
2. 薄纸板
3. 一根塑料吸管
4. 一支带橡皮头的铅笔
5. 一枚大头针
6. 一把剪刀
7. 黏土少许
8. 记录本、笔

安全提示

注意：操作时要注意安全，使用剪刀和大头针时一定不要弄伤自己。

·实验设计·

我们将制作一个简易的风向标。由于风向标随着风的方向转动，简易风向标的箭头所指的方向就是风吹来的方向。一天测若干次，观测风向若干天，就可以根据公式算出风向频率，估测当地的风向。

·实验程序·

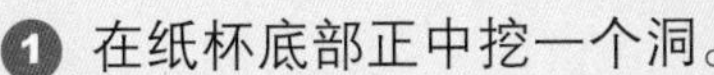

1. 在纸杯底部正中挖一个洞。

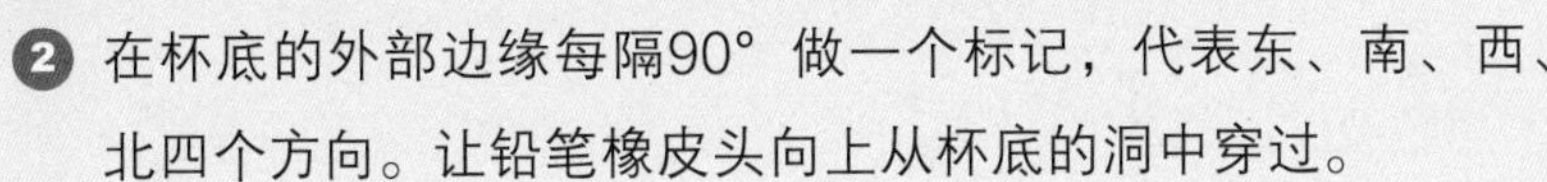

2. 在杯底的外部边缘每隔90° 做一个标记，代表东、南、西、北四个方向。让铅笔橡皮头向上从杯底的洞中穿过。
3. 用薄纸板剪两个三角形。
4. 在吸管两端各剪出一个狭长的切口，在切口处各粘一个三角形（如下图所示）。
5. 用大头针从吸管的中间穿过，扎在铅笔的橡皮头上。
6. 把杯子放在户外一个平滑的面上，并用黏土固定住。摆放时注意东、南、西、北四个标记与相应的方向对准。
7. 一天观察2～5次，连续观察、记录10天左右，并计算风向频率。

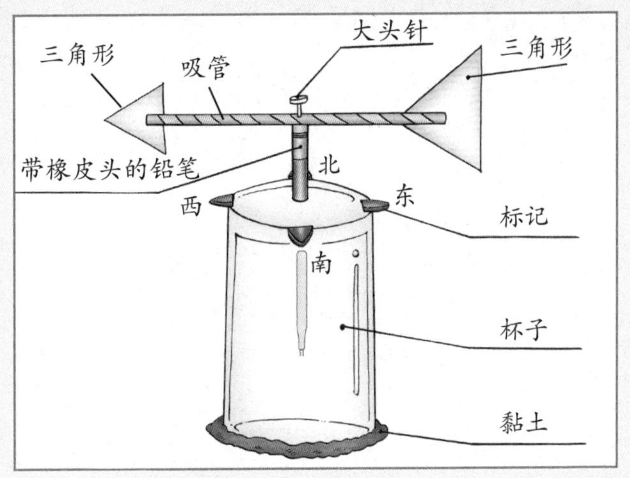

·实验数据·

风向记录

天数 次数	1	2	3	4	5	6	7	8	9	10	……
1											
2											
3											
……											

分析讨论

1. 这10天，哪个方向的风吹得最多？
2. 风向在一天当中有没有变化？
3. 这段时间的风向频率是多少？

发散思考

1. 你能联系当地的其他自然气候条件对风向的形成做出解释吗？
2. 对照电视台或广播电台的天气预报，看看你自己做的风向标是不是灵敏准确？如果不是，问题出在哪里？

自制温度计

你知道今天的气温吗？你或许会回答：听听天气预报不就知道了吗？那么，气象台是怎么知道温度的呢？你可能会回答：靠温度计呗！可是，你知道温度计的工作原理吗？

其实很简单。一般物体都会热胀冷缩，而且胀缩程度跟温度的升降程度成正比。温度计里装的银白色物质是水银，红色物质是加色的煤油。当温度上升时，水银或煤油就会膨胀，沿着透明的细管上升，从刻

度上就可以读出温度了。

水在通常情况下也能热胀冷缩，我们就用这最常见的液体制作自己的温度计吧！

·探索主题·

热胀冷缩是温度计的工作原理

提出假说

水在通常情况下会热胀冷缩，而且胀缩程度与温度的升降程度成正比。

搜集资料

到图书馆或上网查找关于热胀冷缩、温度和膨胀系数等方面的资料。

实验材料

1. 一个瓶子
2. 一个软木塞（能正好塞住瓶口的）
3. 一根细的白色吸管
4. 水
5. 墨水
6. 织衣服的钢针
7. 老虎钳
8. 直尺
9. 温度计
10. 蜡油或橡皮泥

安全提示

不要让水洒得到处都是。给软木塞打孔时小心别受伤。

实验设计

热胀冷缩其实很不明显，怎样才能精确反映很小的温度变化呢？在温度计里，水银球只有一个很细的玻璃管出口，很小的胀缩也很容易通过细管内水银柱的高度变化反映出来。水在4℃以上，100℃以下都是热胀冷缩的。我们也需要一根细管让水的胀缩变得明显可见。

实验程序

1. 用老虎钳夹着钢针，把钢针烧红，在软木塞上打个小孔，使细吸管恰好能够穿过。
2. 插上吸管，在吸管与小孔的接合处用蜡油或橡皮泥密封好。
3. 往瓶子里装满水，滴入几滴墨水，染上颜色。
4. 在软木塞上滴上蜡油或糊上一层橡皮泥。
5. 把软木塞放在瓶口上，用力往下按，让瓶里的水沿着细管上升一点点。注意别让瓶里留下空气。
6. 现在需要标上刻度。先把它放在开水中，等细管里的水面不动了，记下这时的水面高度，这是100℃。然后放在已知温度的冷水中，细管里水面的高度就表示这时的温度。然后把两个刻度之间按温度差平分，

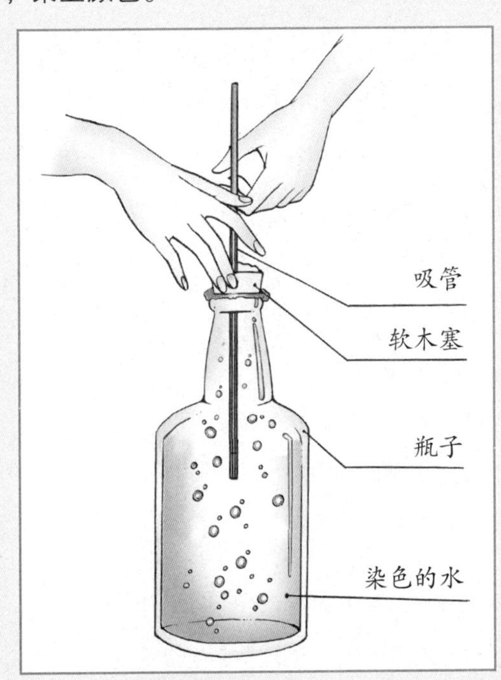

我们自己的温度计就做好了。可惜它太大了，不方便测量体温。

7 放在阳台上测一测，今天一天的温度是怎么变化的。

· 实验数据 ·

记录数据	早上7点	中午12点	下午5点	晚上10点
温度				

分析讨论

1. 如果瓶里混入空气会怎样？为什么？
2. 如果瓶口没有密封好会怎样？为什么？
3. 为什么要选细的吸管？

发散思考

1. 时间长了，瓶里的水会蒸发，刻度就不准确了，怎样防止水的蒸发？
2. 除了液体，固体有没有热胀冷缩的性质？能不能用固体制作温度计？

自制地震仪

地震仪的主要部件是一个经过精巧设计、悬挂着的重物，当地震摇撼了仪器的其他部分时，这个重物会保持不动。换句话说，这个重物从某一个固定的支柱上悬垂下来，地震期间它不做任何运动。但是，悬挂着它的支柱在运动，而在这个重物下方有一张记录图纸与支柱紧紧相连。记录图纸移动时，地震的情况就被与重物相连的针（记录笔）记录在图纸上了，这张记录图纸可以显示出地震波到达的时间、运动的力量，甚至可以显示出地震波的来向。

本次实验中，我们将把手电筒作为“记录笔”，制作一个简易的地震仪。

探索主题

地震仪

提出假说

当地震到来时，重物不动，地震能够引起地震仪上某一关联器械的运动。

搜集资料

到图书馆或上网查找关于地震、地震仪等方面的资料。

实验材料

1. 一个大一些的硬纸盒（比如鞋盒）
2. 尺子
3. 剪刀
4. 细绳
5. 胶带
6. 一个一次性纸杯
7. 沙子
8. 小镜子
9. 手电筒
10. 几本书
11. 铅笔

安全提示

使用剪刀时应注意安全，防止剪伤、扎伤或划伤自己；使用沙子时，要防止沙子进入眼睛。

·实验设计·

模拟地壳的纸盒发生震动后，作为“记录笔”的手电筒开始晃动，重物沙袋和其上的小镜子不动，于是镜子反射的手电筒的光也在晃动，纸盒壁接收到的光点前后运动呈不规则的图样，于是起到记录“地震”的作用。

·实验程序·

1. 将盒盖拿掉。
2. 用画对角线的办法找出一个盒壁的中心。
3. 在这个盒壁的中心剪一个直径约1厘米的孔。
4. 将改装过的盒子像图中那样放好。
5. 在纸杯杯沿下钻两个小孔，使两个小孔位于纸杯直径的两端。
6. 截取一段足够长的细绳，将细绳的两端系在纸杯的小孔处。
7. 将小镜子用胶带粘在纸杯的侧面。
8. 在纸杯中装满沙子。
9. 将绳子的中间部分穿过纸盒顶部的孔，用铅笔穿过绳环，横在盒顶，挂起纸杯，使小镜子朝向自己。

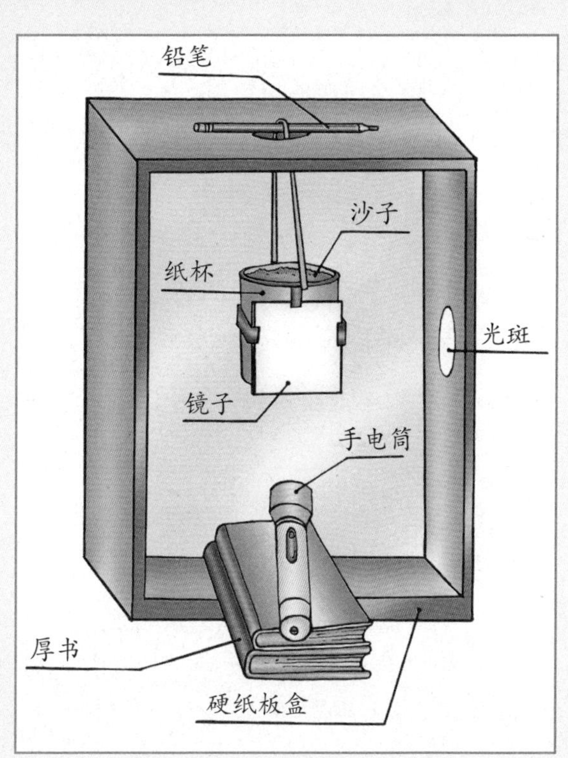

⑩ 把书和手电筒放到盒中，用书支住手电筒。

⑪ 调整书的厚度，使手电筒的高度恰好合适。

⑫ 调整手电筒的水平位置，使光照到镜子上，并使反射光斑落到盒子的右侧。

⑬ 轻轻弹动盒的左侧，观察右侧盒壁上的光斑的变化情况。

· 实验数据 ·

自制地震仪测量结果

实验次数	光圈大小	中心偏离距离
1		
2		
3		
4		

分析讨论

1. 纸杯在这次实验中运动吗？为什么？
2. 书在实验中起了什么作用？
3. 如何使实验效果更好？

发散思考

1. 在汽车或船上能否用这个装置测量？
2. 设计一个可以防震的装置。

小孔成像照相机

随着生活水平的提高，照相机已经逐渐普及。出门旅游或亲朋好友聚会时，我们会带上相机，把那些美好的景致、值得留念的时刻记录下来。照相机给我们的生活带来了无穷的乐趣。

照相机的种类很多，胶卷相机的基本原理是使物体发出或反射的光通过一个光学镜头使胶卷曝光成像。现在，不用胶卷的数码相机早已走进了普通百姓家里，它使用起来更加方便，成像效果更佳。

实际上，根据小孔成像原理， 即使没有光学镜头，也可以照相。下面，我们来做一个非常简单的小孔成像照相机，共同体会其中的原理。

探索主题

利用小孔成像原理制作“照相机”

提出假说

根据小孔成像的原理，物体通过小孔可以成倒立实像。当光通过针孔后，使胶卷曝光成像。

搜集资料

到图书馆或上网查找照相机、小孔成像的相关资料。

实验材料

1. 一块硬纸板
2. 一张黑色遮光纸
3. 几张黑色纸
4. 一个胶卷暗盒（可以在网上购买）
5. 一片铝箔
6. 两根橡胶带
7. 一根普通缝衣针
8. 不透光的胶带
9. 直尺、铅笔、小刀、剪刀、胶水

安全提示

1. 使用小刀和剪刀时要小心，不要划伤自己。
2. 胶卷暗盒使用时要注意，不要有光透入，使胶卷曝光。

·实验设计·

用纸板、胶卷暗盒和带小孔的铝箔就可以组成一个小孔成像照相机。通过遮光纸的移动来控制针孔的开关，进入暗盒的光线使底片适当曝光成像。

·实验程序·

1. 在硬纸板上剪出一个14.8厘米 × 5厘米的长方形，并且把它的长边四等分，做好标记。
2. 用小刀把剪出的纸板沿标志线做一刻痕。
3. 用胶水把黑色的纸贴在纸板上有刻痕的背面。
4. 把纸板沿刻痕折叠好，把接头处用胶带粘起来。注意，一定不能透光。
5. 如下图所示，把纸盒安装在胶卷暗盒上。要确保严丝合缝，不能有光透入。

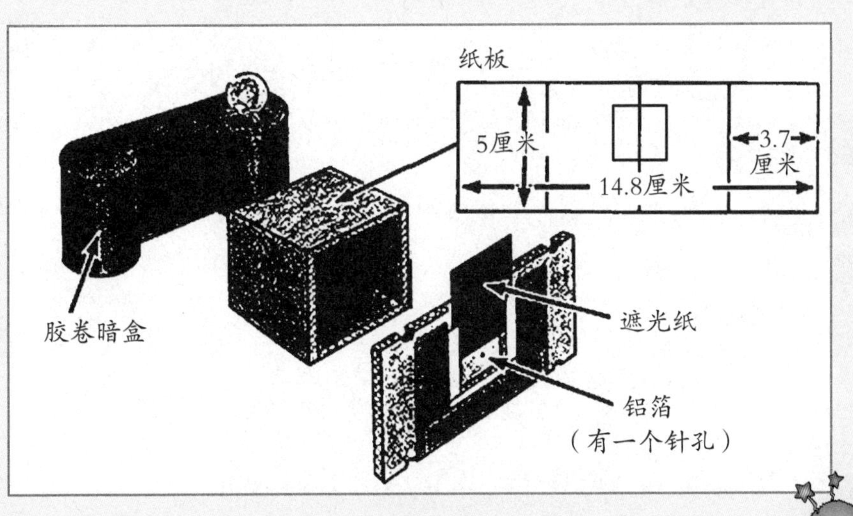

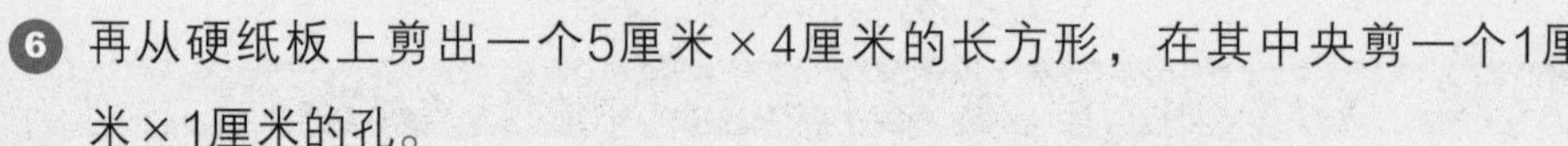

6 再从硬纸板上剪出一个5厘米×4厘米的长方形，在其中央剪一个1厘米×1厘米的孔。

7 将黑色的纸贴在步骤6制作的纸板上，注意不要贴上中间的孔。

8 把铝箔粘在有黑色纸的一边，把孔堵上，并在铝箔中央用针戳一个小孔。

9 在纸板的另外一边，用纸片和橡胶带做一个拉槽，放上遮光纸。

10 把做好的纸板粘在长方形盒子上，用胶带固定好。

11 用你制作的“照相机”拍一些你喜欢的照片吧！

分析讨论

1 这种“照相机”是如何利用小孔成像原理的?

2 为什么纸板的内壁都要粘上一张黑色的纸？还有其他等效的方法吗?

3 如何控制胶卷的曝光时间?

4 如何使照片更清晰、更稳定?

发散思考

1 还有其他的方法来制作小孔成像照相机吗？比如用易拉罐等。

2 小孔成像照相机和普通照相机的原理有什么不同?

3 数码相机的照相原理是什么?

会唱歌的暖水瓶

风声、雨声、雷声、流水声，它们向我们诉说着大自然的千变万化；歌声、笑声、音乐声、机器的轰鸣声、车辆的奔驰声，仿佛在讲述着生活的故事。在以前的实验中，我们已经证明了物体是靠振动发出声音的，不仅固体能够振动发声，气体和液体也能够振动发声。例如胡琴、琵琶、小提琴等靠琴弦的振动发声，而笛子、箫则依靠空气柱的振动发出声音。笛子虽然没有琴弦，却有一条看不见的空气柱。这条空气柱受到外力吹动的时候，就会按一定的频率振动并发出声音。

不知道你注意过没有，当往暖水瓶里灌开水时，你听到的声音会随着灌水的情况发生变化：开始音调低，慢慢音调就高了，等到快灌满时音调最高。这就是暖水瓶的“歌声”。那么，暖水瓶是怎样“唱歌”的呢？通过下面的实验，我们来模仿暖水瓶“唱歌”，就能够明白其中的道理了。

·探索主题·

改变容器中空气柱的长度就能发出不同的声调

提出假说

暖水瓶本身是不会唱歌的，真正发出声音的其实是空气。瓶里空气柱的长短决定着它振动的频率。灌水的时候，瓶里的空气受振动，发出声音，这部分空气就是声源。开始灌水的时候，里边的空气多，空气柱长，它振动起来比较慢，频率低，发出的音调也就低。水越灌越多，空气越来越少，空气柱也越来越短了。短空气柱和短琴弦一样，是“急脾气”，振动得快，频率高，音调也就变高了。

搜集资料

到图书馆或上网查找声源的相关资料。

实验材料

1. 细口玻璃瓶
2. 水

安全提示

1. 玻璃瓶一定要在实验开始前清洗干净。
2. 灌水和吹气时，动作要轻，小心别把水溅到外面，注意要防止玻璃瓶摔碎。

· 实验设计 ·

往玻璃瓶里灌水，让水面接近瓶口，用嘴向瓶里吹气，此时是音调比较高的声音。把水倒出一些，再吹，声音就变低了；再倒出些水，声音更低。如果把水倒光，那瓶子的“歌声”就非常低沉了。

· 实验程序 ·

1. 准备一个细口瓶，往瓶里灌水，使水面接近瓶口。
2. 用嘴向瓶口吹气，记下这时音调的高低。
3. 把水倒出一些，再次向瓶口吹气，比较声音与上次的不同，记下来。
4. 把水倒光，再次向瓶口吹气，听听这时瓶子的“歌声”又是怎样的，记下来。

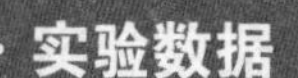

·实验数据·

瓶里的水量	瓶子发出声调的高低
水面接近瓶口时	
倒出一些时	
瓶中无水时	

分析讨论

1. 为什么要采用细口玻璃瓶呢？大口或广口的玻璃瓶可以吗？
2. 瓶子的声音是从哪里发出来的？是瓶子本身发出来的吗？
3. 瓶子的声音大小为什么会随着里面水量的多少而有高低之别？你能解释一下吗？

发散思考

1. 大自然中有形形色色的声音，试着举出尽可能多的例子来，并思考这些声音是怎样产生的？
2. 想一想，笛子为什么能吹奏出优美动听的音乐？动听的音乐是怎么产生的？
3. 找8个相同规格的玻璃瓶，分别盛上不同量的水，由少到多依次排列。用筷子轻轻敲打玻璃瓶，你能让它为你奏出各种不同的音调吗？

美妙的水风铃

风铃的种类有很多，木头的、陶瓷的、铜的、玻璃的，各式各样。把它挂在窗前，微风吹过，便发出悠远、悦耳的“丁零、丁零”的铃声。可是，你有没有见过“水风铃”呢？

如果我们往多个玻璃瓶里装水，把这些玻璃瓶挂起来，让它们可以自由地相互碰撞，“水风铃”就会发出“叮叮当当”的声音了。下面要介绍的就是这种“水风铃”的简单制作方法。

我的演奏水平是世界级的，只是下次你要帮我多捡几个瓶子。

探索主题

水风铃

提出假说

如果玻璃瓶里装的水深浅不同，我们敲击玻璃瓶时就会发出不同的声音。适当地调节水量的多少，可以得到我们喜欢的声音。

搜集资料

到图书馆或网上查找关于风铃的资料。

实验材料

1. 九个空的小玻璃瓶
2. 彩色电光纸若干
3. 胶泥
4. 硬纸板
5. 针、线
6. 铁钉
7. 一根筷子
8. 彩色墨水

安全提示

1. 使用针和铁钉时要注意安全，不要划伤自己。
2. 将小玻璃瓶清洗干净后再进行实验。
3. 实验中要防止打碎小玻璃瓶，伤到自己。

·实验设计·

首先我们往小玻璃瓶里装水，通过听木条敲击瓶壁的声音来确定水的深度；然后把这些小玻璃瓶挂起来，让它们自由地相互碰撞，就会发出“叮叮当当”的声音。这样，一个简单的“水风铃”就制作好了。

·实验程序·

1. 用筷子敲击装有水的小玻璃瓶，仔细听听发出的声音。
2. 选择你喜欢听的九种声调，在九个小玻璃瓶里装上各种颜色、深浅不一的水。
3. 用铁钉在每个瓶盖上扎个洞，并想办法穿根线。
4. 用硬纸板剪一个圆盘，在四等分处穿上线悬挂起来。
5. 把系小玻璃瓶的九根线均匀地固定在圆盘的周围，如下图所示。
6. 用电光纸做出各种好看的图案后，再用胶泥粘在线上。

·实验数据·

水风铃的声音

编号	小玻璃瓶里水的深度（毫米）	筷子敲击小玻璃瓶的声调高低
1		
2		
3		
4		
5		
6		
7		
8		
9		

分析讨论

1. 水风铃发声的原理是什么?
2. 小玻璃瓶里水的深浅与风铃的声音有关吗?
3. 要使小玻璃瓶发出尖锐的声音，它里面的水是应该深一些还是浅一些?

发散思考

1. 水风铃的声音是如何传播的?
2. 如何解释小玻璃瓶里水的深浅与声音的关系?

自制听诊器

1816年的一天，巴黎医学院雷奈克教授在为心脏病患者做检查时发现，将耳朵贴在患者胸前听其心跳声这种方法并不适用于所有人。有些患者是女性，自己不适合把耳朵贴在其胸前；有些患者身材较胖，就算紧贴在他的胸前，也还是听不清心跳的声音。雷奈克教授想起声音经过中空的管道时会放大，于是他将一张纸卷成管状，一端对准病人心脏部位，另一端对准自己的耳朵，然后倾听从纸管中传来的心跳声。这时他不仅听见了心跳声，而且比过去听过的要更清晰，这使雷奈克教授既惊诧，又喜悦。为了更方便地使用这种方法诊断病情，他自制了一个木质的听诊器。后来，在多次试验的基础上，他发现最适合做听诊器的材料是各种轻质木材或藤。如今，雷奈克教授的听诊器经过后人的改进，已变成了非常好用的双耳听诊器，并广泛应用于世界各地。现在，让我们来重复当年雷奈克教授的发明吧。

探索主题

听诊器的工作原理

提出假说

声音以波的形式向各个方向传播。如果我们能把声波束缚起来朝着一个方向传播，那么我们将能听到更清晰的声音。

搜集资料

到图书馆或上网查找关于听诊器、声波的资料。

实验材料

1. 两个塑料漏斗
2. 几根长短不一的空心塑料管
3. 一块手表
4. 一个安静的房间

安全提示

1. 此实验需要一名同学配合才能完成。
2. 做实验时，周围的环境一定要安静！

实验设计

利用塑料漏斗将声波束缚在一个方向上，利用空心塑料管传播声音。

实验程序

1. 如下图所示，用一根最短的空心塑料管把两个塑料漏斗接好。
2. 自己握住一个塑料漏斗，另一个给同学。
3. 请你的同学把塑料漏斗靠近她的心脏。
4. 你把耳朵贴近漏斗，这时就能听见同学心脏发出的“怦、怦”的心跳声了。
5. 你站在听不到你同学手表声的位置，然后请她把塑料漏斗靠近她的手表，你就能听见手表的“嘀嗒、嘀嗒”声了。
6. 改变塑料管的长度，仔细感觉你听到的声音，把你的感受填入表中。

·实验数据·

实验现象

塑料管的长度（厘米）	声音的大小	
	心跳声	手表声

分析讨论

1. 听诊器的工作原理是什么?
2. 为什么房间一定要安静?
3. 听诊器听到的声音与塑料管的长短有关系吗?
4. 塑料管多长时，我们可以获得听诊器的最佳效果?

发散思考

1. 听诊器听到的声音和耳朵贴在心脏或手表上听到的声音一样吗? 用你的简易“听诊器”验证你的推测。
2. 你能解释声音的大小与塑料管长度的关系吗?
3. 用什么样的材料做听诊器最好? 为什么?

用自制小鼓做实验

鼓，早在中国古代就名声显赫。咚咚的战鼓，气势恢宏，令人振奋鼓舞，催促战士勇往直前；小巧的腰鼓，细碎地敲出人们对幸福生活的赞美；激烈的架子鼓，敲出现代人的个性。在一些大型活动的开幕式上，常会安排头系黄巾、身挂彩带的演奏者们排开方阵，众臂齐挥。随着一声声震天的呐喊，鼓声开始雷动，那动人心魄的鼓声，如波澜冲击九霄，似雷霆滚过天际，以其雄浑壮阔的气势和撼天拔地的伟力，擂出了中华民族激昂奋发，挺立于世界民族之林的伟大精神。可是，你知道那“咚咚”的鼓声是如何产生的吗？

探索主题

鼓声产生的原理

提出假说

鼓是用皮膜（现在也有用塑料膜）绷在圆桶状物体的一端或两端而制成的。敲击鼓膜会引起膜的振动，推动空气而发声，"圆桶"的作用与扬声器的音箱相似。可以推断，鼓膜面积越大，振动的频率越低，振动的振幅越大，声波传输得也越远。

搜集资料

询问有经验的鼓手，查找乐器资料。

安全提示

安全使用剪刀，当心塑料瓶茬口割伤自己。

实验材料

1. 空矿泉水瓶
2. 剪刀
3. 细线
4. 气球若干
5. 小漏斗
6. 乒乓球
7. 透明胶带
8. 铁架台及支架

实验设计

自己制作一面简易的小鼓，并且亲身体验一下空气的振动。

· 实验程序 ·

1. 取一个空的矿泉水瓶，剪掉顶部和底部，留下中间一段。
2. 取气球上的胶皮膜两块，蒙在剪好的矿泉水瓶的两端并绷紧，然后用细绳扎牢。轻轻敲击胶皮膜，就会发出声音，操作如下图所示。
3. 用透明胶带将乒乓球与细线的一端相连，将细线另一端悬挂在铁架台的支架上。
4. 取一个小漏斗(可以用硬纸片制作)，罩在小鼓一端的胶皮膜上，这时用手轻轻叩击另一端的胶皮膜，使漏斗口对准悬挂的乒乓球，观察乒乓球的运动。

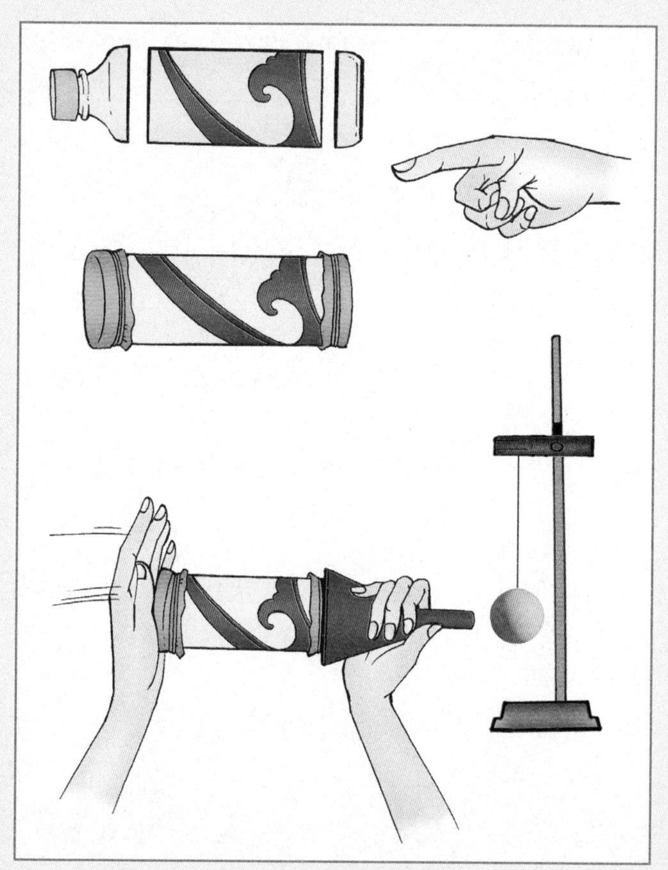

· 实验数据 ·

手叩击胶皮膜的力量	乒乓球的摆动幅度
较大	
较小	

分析讨论

1. 瓶子的大小对鼓声有什么影响?
2. 你能否感受到胶皮膜的振动?
3. 为什么当听到的鼓声大、频率快的时候，你会觉得心脏在“咚咚”地跳?

发散思考

1. 单面鼓和双面鼓发声有什么不同?
2. 鼓膜的厚薄影响鼓声吗?
3. 鼓膜绷紧的程度对声音有何影响?
4. 鼓的发声原理与耳朵的鼓膜听音原理一样吗?

最简单的电话

在现代生活中，电话已是必不可少的通信工具。有的小朋友会想：电话到底是怎样传声的呢？今天我们就来做一个最简单的传声器，研究一下，我们是怎样通过电话线向远方传递问候和祝福的。

探索主题

传声器的原理和制作

提出假说

声音的振动可以引起电路中的电阻变化，电流也随之变化，耳机接收到变化的电流，便又转化成了声音。

搜集资料

到图书馆或上网查找有关电话的结构、声音的传播等知识。

实验材料

1. 若干铅笔芯
2. 两个火柴盒
3. 六节电池
4. 两个耳机
5. 若干导线
6. 两个房间

安全提示

从一个房间走到另一个房间时要注意脚下，防止被导线绊倒。

实验设计

用铅笔芯、火柴盒、电池、耳机、导线组成一个传声器。对着盒底说话，盒底受到振动，引起上边的短铅笔芯和下边的铅笔芯之间的压力变化，电路中的电阻相应地变化，电流也会相应变化，通过耳机接收形成语音。

实验程序

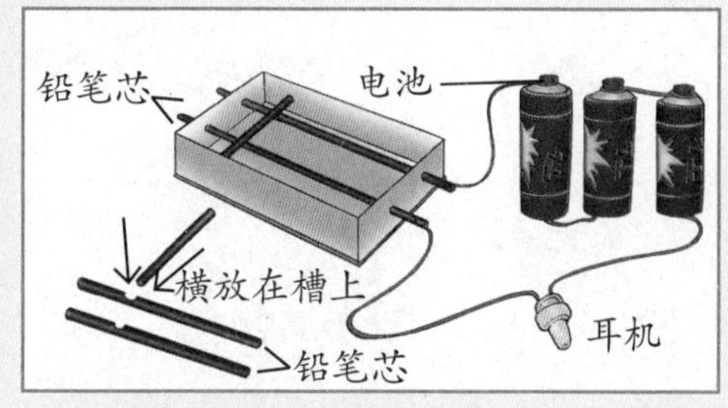

1. 如右图所示，把两根铅笔芯穿在火柴盒内（要紧挨盒底）。
2. 在铅笔芯的一端刮出很浅的槽，再横放一根短笔芯。
3. 如下图所示，用导线把电池与隔壁房间的耳机连接起来。
4. 一人在耳机边，一人到隔壁，对着火柴盒底说话：“你好吗？你听得见吗？我们的实验成功吗？”
5. 如果成功，可以再做一个，就可组成一个对讲机了，不仅能听，还能回答。

·实验数据·

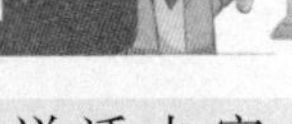

说话内容	听到的内容

分析讨论

1. 铅笔芯为什么要紧挨盒底安装?
2. 直径0.7毫米和0.5毫米两种规格的铅笔芯，哪种实验效果比较好?
3. 这种电话听起来和直接听到的说话声有差别吗?

发散思考

1. 电话的原理是什么?它是如何传声的?它是如何引起电流变化的?
2. 能用别的材料替代铅笔芯吗?
3. 怎样提高这种电话的灵敏度，使听到的声音更清晰?

制作一个风铃

各式各样的风铃悬挂在窗前：有木头的，有陶瓷的，有不锈钢的，还有玻璃的。当微风吹拂，风铃会发出独特的悦耳的声音，带去人们对远方亲人平安和幸福的期盼。在丽江古城，许多游人都会专程去购买一种叫“布风铃”的工艺品。这种风铃的制作工艺非常简单，只是一个古朴的铜铃下系着一块绘有丽江风光的工笔画的木牌。但它却以宁静悠远的意境、清脆悠扬的铃声打动了游人。

风铃在古代是用来驱鬼逐魔的，最古老的风铃是用白云土制作的陶瓷风铃。陶瓷风铃的制作工艺很复杂，有平面风铃和曲面风铃两种，平面风铃的制作更困难一些。下面我们用细竹管做一个简单的风铃，你可以把它送给你的好朋友，带去你的祝福。

·探索主题·

风铃的制作

提出假说

用薄钢片碰撞不同长度的竹管，会发出不同的声音。

搜集资料

向家长或老师请教，或者到图书或上网查找关于风铃的资料。

实验材料

1. 5根长短不一的空心细竹管
2. 两端有小孔的薄钢片
3. 若干根15厘米长的尼龙丝线，一根50厘米长的尼龙丝线
4. 薄木片
5. 胶带
6. 硬的圆木盘
7. 小刀
8. 铁钉

安全提示

在竹管和圆木盘上钻孔时要注意安全，不要划伤自己的手指！最好请家长帮忙。

实验设计

当风吹过系有薄木片的薄钢片时，薄钢片撞击它四周的空心细竹管，发出悦耳的声音。

实验程序

1. 用胶带分别把15厘米长的丝线和每根细竹管固定在一起。
2. 用铁钉在圆木盘的边缘均匀地钻5个小洞，再在中央位置也钻一个洞。
3. 用胶带把50厘米长的丝线和薄木片固定在一起，然后再把薄钢片系在木片上方25厘米左右的地方。
4. 把系有细竹管的丝线固定在圆盘的周围。
5. 最后把系有薄钢片和薄木片的丝线穿过圆盘中央的洞，与其他丝线固定在一起。

· 实验数据 ·

风铃的声音

竹管的长度（厘米）				
钢片碰撞竹管的声音				

分析讨论

1. 风铃发声的原理是什么?
2. 竹管的长度与风铃的声音有关吗?
3. 用实心的木棒代替空心的竹管可以吗?

发散思考

1. 你了解风铃的历史吗?
2. 风铃的种类有哪些? 它们的发声原理是什么?

热气球

热气球是由法国的蒙特哥菲尔兄弟发明的。1893年11月21日，热气球载着勇敢的兄弟俩飞上了天空，全巴黎的人都跑来观看。虽然热气球只上升了900多米，但在当时已经是很了不起的纪录。当时，他们在一个大坑中烧火，将加热的空气灌进上方的气球中，这样热气球就升上了天空。为什么热气球会自己飞上天空呢？这是因为空气对处于其中的物体有浮力作用。下面，让我们通过热气球升空的实验来感受一下空气的浮力吧！

探索主题

当气球中充满热空气时
会发生什么现象？

提出假说

空气对处于其中的物体有浮力作用。

搜集资料

到图书馆或上网查找关于热气球、密度、浮力等的知识。

实验材料

1. 五张 20 厘米 ×30 厘米的薄绵纸
2. 尺子
3. 胶水、胶带
4. 剪刀
5. 橡皮泥
6. 细线

安全提示

1. 使用吹风机时防止触电。
2. 使用剪刀时不要伤到自己。

实验设计

当空气或其他气体受热膨胀时密度会变小，因而同样质量的热空气会占据更大的空间。热气球能够升空是因为热气球中充满热空气，这些热空气比围绕在气球周围的冷空气轻很多，所以热气球会向上浮动，就像浮在水中的软木塞。由此我们可以推断，空气和水一样，也具有浮力。

实验程序

1. 首先，我们把薄绵纸剪成如右图所示的两个长方条，并粘连成十字形。
2. 将十字形纸条折成长方体，用胶水把顶和四个侧面粘在一起；再将下端折成漏斗形，留出一个开口，并用胶水固定好。这样热气球的球体就做好了。
3. 用胶带将三根细线粘到气球底部。
4. 用橡皮泥将线的另外一端固定在桌面上。
5. 打开电吹风，尽量将吹风机的风速调小（确保热气球不是因吹风机的强劲气流而挣脱细线的），将吹风口向上对准球体底部的开口。
6. 过一会儿，我们会看到热气球挣脱细线，渐渐向上飞去。

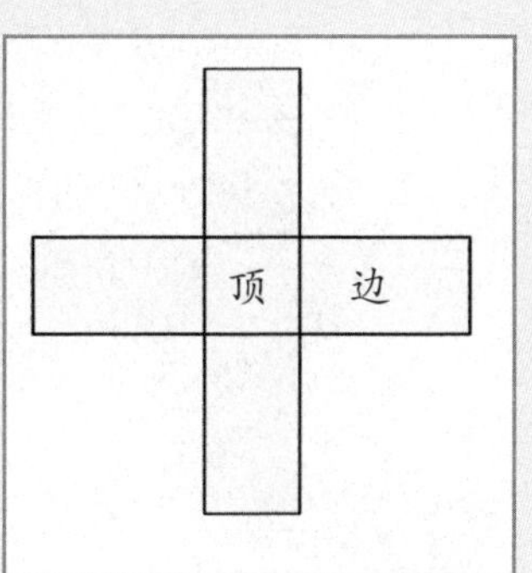

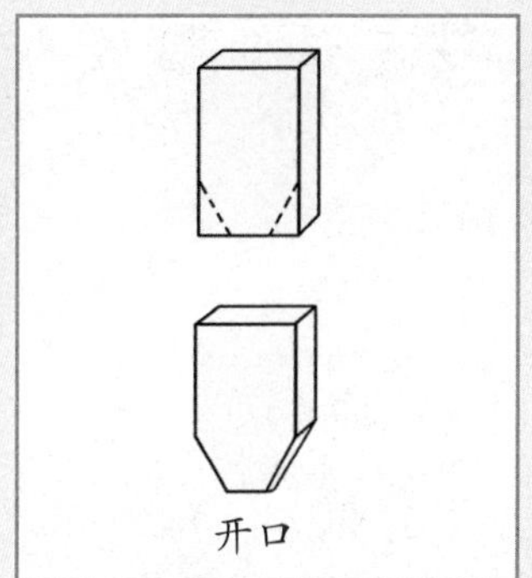

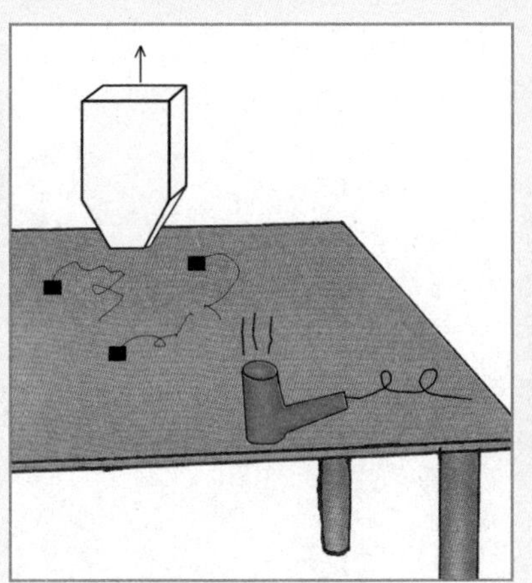

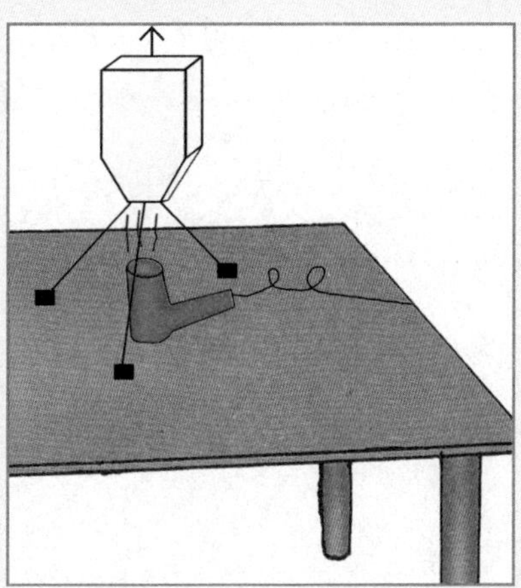

· 实验数据 ·

实验过程	实验记录
用吹风机加热时出现的现象	
吹风机加热的时间	
气球停留在空气中的时间	
最终的实验现象	

分析讨论

1. 热气球为什么能浮在空中?
2. 热气球能一直浮在空中吗? 为什么?

发散思考

1. 你知道还有什么现象能证明空气有浮力吗?
2. 热气球升空的难易和速度与热气球底部开口的大小有关吗? 开口大一些好还是小一些好? 请通过实验寻找答案。
3. 热气球有多种制作方法，不同方法制成的热气球效果也不同，请你查阅资料，设计一个效果更好的热气球。

氧气的制备

氧气在“空气王国”中担当着重任，它是人类生命不可缺少的物质。人如果三天不喝水就会有生命危险，但是如果不呼吸氧气，几分钟便会死亡。我们经常能看到医院里有患者戴着氧气罩在吸氧，氧气瓶里的氧气是怎样得到的呢？其实，除了从空气中分离出来之外，氧气还可以通过实验制得。我们今天就来通过一个简单的实验，自己制备一些氧气。

探索主题

氧气的制备

搜集资料

到图书馆或上网查找有关过氧化氢的资料。

提出假说

我们可以通过实验制得氧气。

实验材料

1. 一个带塞子的广口瓶
2. 一段胶皮管
3. 塑料杯
4. 带瓶塞的药瓶
5. 一些过氧化氢
6. 发酵粉
7. 火柴
8. 小木条
9. 一把汤勺

安全提示

1. 给塞子钻孔时不要把手弄伤。
2. 点燃木条时一定要注意安全。
3. 实验应在家长指导下进行。

实验设计

过氧化氢可以分解生成氧气和水。在发酵粉存在的条件下，分解反应会加速进行。我们利用这一反应，就可以制得氧气。

· 实验程序 ·

1. 在广口瓶的瓶塞上钻一个孔，孔的大小要比胶皮管的直径略小。
2. 把胶皮管的一端塞进瓶塞里，气体发生器就做好了。
3. 在塑料杯中装大半杯水，放在广口瓶旁边。
4. 把药瓶装满水，塞上瓶塞。注意，为了排尽药瓶中的空气，药瓶中应充满水。
5. 将药瓶倒置，竖直插在塑料杯中，拔掉瓶塞。
6. 向气体发生器中倒入一些过氧化氢，装满后再加入1/4勺发酵粉，然后把瓶塞塞紧。
7. 把胶皮管的另一端插进药瓶中，不停地摇动气体发生器。我们会看到胶皮管中有气泡冒出来，随后，药瓶中的水面下降。
8. 当药瓶中没有水后，保持药瓶在塑料杯中倒立并塞上瓶塞，以获得较纯的氧气。
9. 点燃小木条，然后摇动，使小木条的火苗熄灭但带有火星，这一步最好请家长帮忙。
10. 打开药瓶上的瓶塞，把带火星的木条插入药瓶口，我们会看到木条又开始燃烧了，这说明药瓶中充满了氧气。

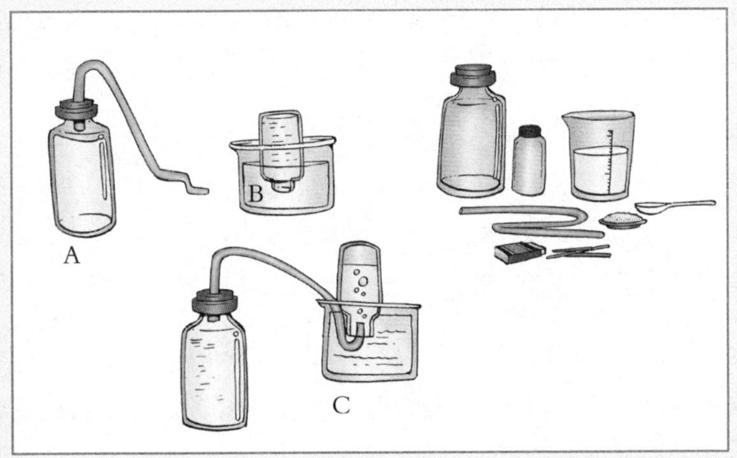

· 实验数据 ·

实验过程	实验现象	结论
气体发生器		
药瓶		
带火星的木条		

分析讨论

1. 为什么要不停地摇动气体发生器？
2. 为什么开始时药瓶里要装满水？

发散思考

1. 你还有什么办法可以证明我们所制得的气体是氧气？
2. 通过实验，你能总结出氧气的一些性质吗？如颜色、状态、气味、在水中的溶解能力等。

你知道吗？

臭氧是一种具有特殊臭味的气体，但在稀薄状态下能给人清新的感觉。在松树林里臭氧含量较多，这是因为松树生成的松节油、松脂等在空气中氧化时会生成微量臭氧。少量臭氧不仅能给人一种清新的感觉，还能杀死病菌，净化空气，对人的身体有益。但是，人如果长时间待在臭氧浓度较高的环境里，就可能中毒，出现疲劳、头疼、恶心、鼻子出血、眼睛发炎等症状。

大气的臭氧层是地球的生命防线，它吸收了太阳光中大部分紫外线，使阳光到达地面时，紫外线辐射大大减弱。如果没有臭氧层的保护，地球上的生命就会遭殃。

自制固体酒精

你用过固体酒精吗？当你去饭店吃火锅的时候，你是否见过服务员把固体酒精放在炉子里，然后将其点燃？出去野餐的时候，你也许会带上固体酒精做燃料吧？固体酒精是不是全部是酒精，它里面有水吗？在这个实验里我们可以自己制作固体酒精，然后再来说一说它里面含不含有水。

注意，本文说的“固体酒精”指的可不是固体状态的酒精哦！

探索主题

固体酒精与水

提出假说

酒精可以与一些物质混合而形成固体酒精。

搜集资料

到图书馆或上网查找关于酒精、固体酒精的制备、溶液等的资料。

实验材料

1. 三个烧杯
2. 95% 的酒精
3. 量筒
4. 醋酸钙
5. 天平
6. 水
7. 玻璃棒，可密封的塑料袋

安全提示

1. 不能随便尝化学药品，更不能食用。
2. 将固体酒精用塑料袋密封保存好，以免挥发。

· 实验设计 ·

有些无机物质（如醋酸钙）易溶于水，溶解度很大，然而在常见的有机溶剂（如酒精）中却几乎不溶，因此有“沉淀”生成，使得整个的混合物呈固体状。固体酒精就是这样形成的。我们已经知道，液体状态的酒精容易挥发，而固体酒精也容易挥发。所以，对制成的“固体酒精”需要用塑料袋密封保存好，以免挥发。

· 实验程序 ·

1. 用量筒量取40毫升95%的酒精，倒入一个烧杯。
2. 在另一烧杯内将用天平称取的2克醋酸钙配制成饱和溶液。
3. 把上述醋酸钙饱和溶液慢慢倒入盛放酒精的烧杯里，并用玻璃棒不断搅拌，混合后的溶液逐渐稠厚，最后凝成一个整块。

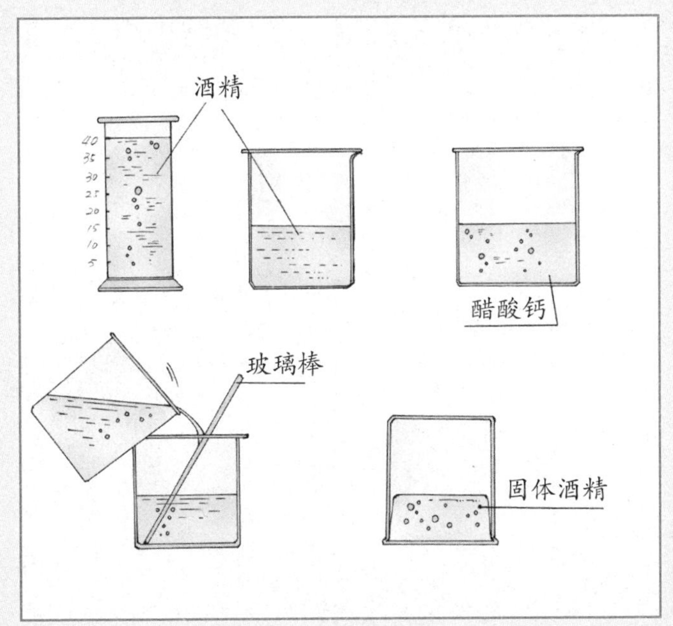

4. 把烧杯倒过来，用手轻轻拍打烧杯底，一块固体酒精即可从烧杯中倒出。
5. 将固体酒精用塑料袋密封保存，以免酒精挥发。

分析讨论

1. 固体酒精里有没有水？为什么？
2. 为什么要将制成的固体酒精用塑料袋密封保存？
3. 为什么固体酒精能够做燃料？

发散思考

1. 这个实验中，可以使用不饱和醋酸钙溶液吗？
2. 保证实验成功的关键是什么？

光电振动报警器

在电影中我们经常能看到很多贵重的物品都配有很完备的保护系统，许多艺术珍品和国宝往往也会用十分灵敏的报警系统加以保护，一旦有人碰触或者袭击它们，报警系统就会立即发出警报声。那么，在生活中我们是不是可以制作类似的设备，来保障我们家里一些重要物品的安全呢？答案当然是肯定的，下面我们就应用一些简单的元件，制作一个光电振动报警器。

·探索主题·

光电振动报警器

提出假说

液体受到轻微振动时，液面就会发生波动，光照射到液面后的反射光也随之发生波动，反射光的光路就发生改变。利用这一改变可以设计一个光电振动报警器。

实验材料

1. 一个电流变化报警器
2. 光电池
3. 光敏元件
4. 玩具激光发生器
5. 稳压电源
6. 两个电键
7. 透明水槽
8. 一张锡箔
9. 两个铁架台

·实验设计·

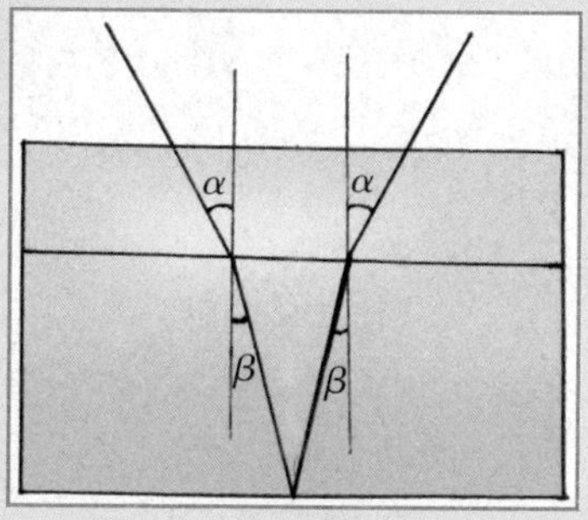

光源射出的光线在液面和容器底面经过折射、反射和再折射后将从液面射出，使射出的激光正好投射到光电池上，光电池将产生电流；光电池与一个电流变化报警器相连。当液面静止不动时，射出光的强度稳定，光电池产生的电流稳定；当液面由于振动而发生波动时，光电池受光的情况改变，产生的电流发生变化，进而使报警器发出报警信号。

安全提示

1. 连接电路时，注意电路的电压是否在保证人体安全的范围内，小心触电。
2. 使用玩具激光发生器时绝对不能让激光直接照射眼睛，本实验一定要在家长或老师的指导下进行。

·实验程序·

1. 在透明水槽底部平铺一张锡箔，再在槽中盛2/3的水。
2. 用铁架台将玩具激光发生器固定在适当位置，打开玩具激光发生器的开关，使激光束能够从水面射入水槽底并从水面反射出。
3. 将光电池用另一个铁架台固定在反射光线可以垂直照射到的地方，并使反射光束正好位于光电池的中心位置。
4. 将光电池、电键、电流变化报警器串联，形成报警电路。
5. 分别做出轻微晃动水槽、向水面吹风、大声咳嗽、敲打乐器等动作，同时注意观察报警器是否报警。

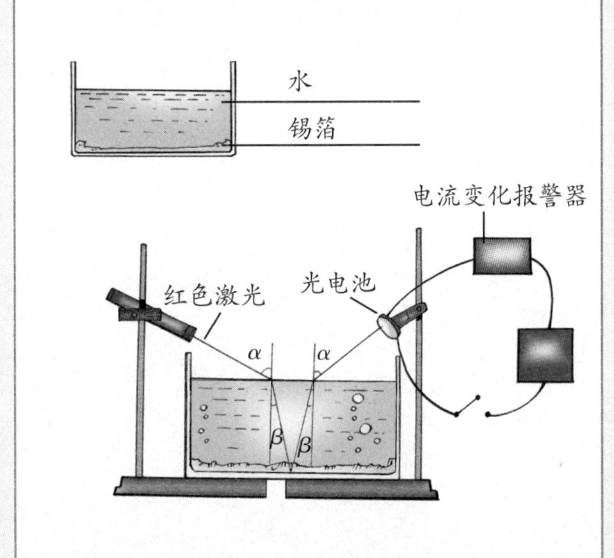

·实验数据·

影响因素	现象	是否报警
晃动水槽		
向水面吹风		
大声咳嗽		
敲打乐器		

分析讨论

1. 如何提高光电振动报警器的灵敏度?
2. 如何排除其他光照对报警器的干扰?

发散思考

1. 你还能设计出别的振动报警器吗?
2. 光电振动报警器在日常生活中有什么用途?

自动流水的保温瓶

很多小朋友的家里都有气压保温瓶，小朋友们有没有发现每次取水的时候都要压好几次，很不方便？那能不能将它改进一下，只要压一下，水就自动流出来了呢？下面我们来看一个小发明，它应用了非常巧妙而且简单的方法，成功地解决了普通气压保温瓶存在的这个缺点。

探索主题

利用虹吸现象使保温瓶中的水自动流出

提出假说

根据连通器原理，可以利用大气压导致的虹吸现象让水从保温瓶中自动流出来。

搜集资料

到图书馆或上网查找与大气压、连通器原理及虹吸现象有关的资料。

实验材料

1. 一个普通的气压保温瓶
2. 一根玻璃管
3. 一个止流阀
4. 喷灯（或者酒精灯）

安全提示

1. 使用喷灯弯折玻璃管时要注意安全。
2. 小心不要被玻璃管划伤。
3. 本实验务必在家长或老师的帮助和监督下进行。

· 实验设计 ·

在普通气压保温瓶的出水口上套接一根虹吸管，让虹吸管的一端伸入保温瓶内胆底端，另一端从出水口引出，就可以实现“自流”了。为了便于控制，还应在虹吸管的转弯处打一个小孔作为气孔，装上止流阀（止流阀和气孔之间一定要紧密接触）。只要一按止流阀，虹吸管的气孔就被打开，空气随即进入虹吸管，水就不再流出了。

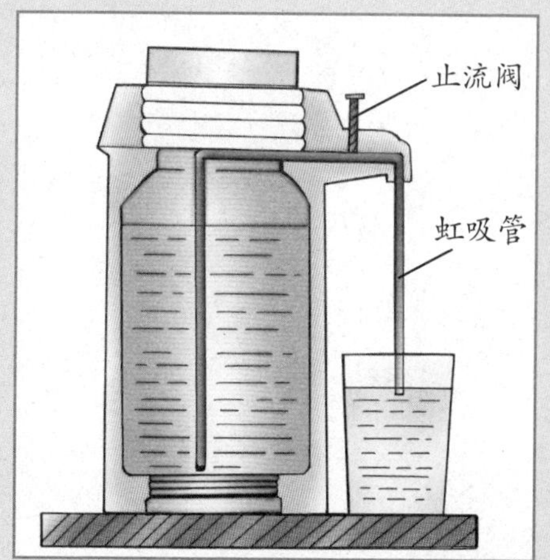

· 实验程序 ·

1. 拿出一个普通的气压保温瓶，测量它的瓶口到出水口之间的距离，以及瓶身的高度等参数。
2. 根据以上参数，用酒精灯将一根玻璃管烧成有两个90° 的“U”形，这样虹吸管就做好了。
3. 把虹吸管放入保温瓶中。
4. 在保温瓶的“嘴”的上方打一个孔，插入一支小的记号笔，在虹吸管上做一个记号。
5. 取出虹吸管，用酒精灯加热虹吸管上记号处，使其软化，再用小螺丝刀钻一个小孔。

6 将虹吸管再次放入保温瓶中，在小孔处安装上止流阀，这样，自动流水的气压保温瓶就做好了。

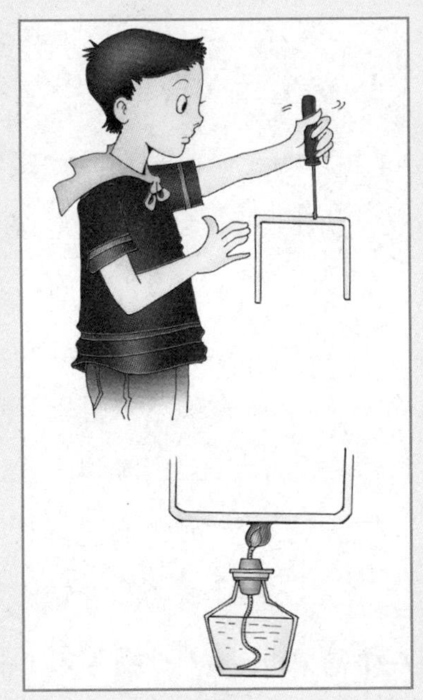

分析讨论

1 为什么一按止流阀，水流就停止了？虹吸现象依据的是什么物理原理?

2 装了虹吸管的气压保温瓶，一下也不压的话，水还能自动流出来吗?

发散思考

1 可以利用气压保温瓶制作喷泉吗?

2 利用虹吸现象还可以想出什么小发明?

自行发光的自行车车灯

在我们生活的地方，有些小路上可能还没有安装路灯。夜晚的时候，在这些路上骑车的人难免会因看不清障碍物、行人或其他骑车人而发生各种事故。造成这一麻烦的原因是：自行车的车灯一般是反光片做成的被动型车灯，它们需要路灯或汽车车灯照射才能反光。你想过没有？如果能在自行车上也装一只能够自己发光的“电筒”，不就可以避免这一麻烦了吗？再进一步思考，我们会想到，能不能做一个不用电池的自行车“电筒”呢？即便这“电筒”只是发出红光的发光二极管，也会使情况好许多。下面我们就来试一试。

探索主题

自行发电

搜集资料

到图书馆或上网查找，收集和自行车车灯的工作原理有关的资料。

提出假说

利用磁生电的原理（即变化的磁场可以产生电），只要我们设计出一个随自行车运动变化的磁场，就可以利用它产生的电给安装在自行车上的车灯供电。

实验材料

1. 环形铜线圈（半径 5 厘米）及导线若干
2. 发光二极管 5 个
3. 小磁铁圈若干，可以从旧的耳机上取出
4. 细尼龙绳（风筝线）
5. 自行车反光车灯

安全提示

1. 安装车灯和磁铁等装置时，注意安排好线路，防止导线卷入车轮。
2. 转动车轮时一定要小心，不要弄伤手指。
3. 为了安全，本实验应在成人的帮助下完成。

实验设计

将磁铁圈套在车轮的辐条上，把铜线圈放在后车轮的护轮罩上，利用车轮与护轮罩的相对运动，铜线圈中就会产生电流，使接入电路的发光二极管发光。这样既不用电池，也不会因摩擦影响自行车的正常运行。

实验程序

1. 将若干小磁铁圈用细尼龙绳固定在车轮的辐条上，每隔一根辐条固定一个，注意使各个磁铁圈与轮轴的距离相等，磁铁圈平面基本与轮轴垂直，并使其北极和南极的方向一致。
2. 将一个半径为5厘米的环形铜线圈固定在后车轮护轮罩的某一边上，使线圈的中心到轮轴的距离与磁铁圈到轮轴的距离相等。铜线圈平面与磁铁圈平面平行（与轮轴垂直）。
3. 小心地取出普通的自行车反光式车灯上的反光片，在反光片的反面钻5个与发光二极管直径相当（略小一点）的小孔（可以使小孔呈五角星形排列），往钻了孔的反光片上浇一些热水，然后将5个发光二极管的发光头分别从反面插入。

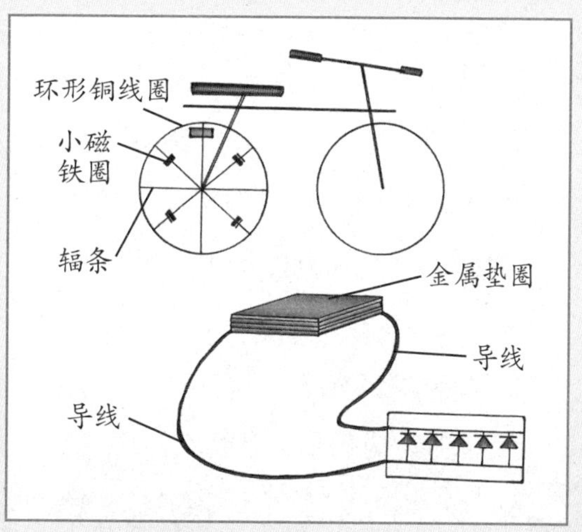

4. 将5个发光二极管并联起来，并引出两根导线，这样就形成了发光二极管电路，再将反光片重新放回自行车车灯并设法固定好。
5. 由线圈的两头引出导线，并分别与发光二极管电路引出的两根导线拧在一起。
6. 设法架空后轮并使其转动，观察发光二极管是否发光，如果没有发光，且线路连接无误，则互换一下上一步骤中的导线，将会观察到发光二极管发光。

影响因素		发光二极管的发光情况
线圈匝数	多	
	少	
线圈面积	大	
	小	
车轮转速	快	
	慢	

分析讨论

1. 如果磁铁的位置和放置方向改变，结果会怎样？
2. 如果不用发光二极管，而直接使用小灯泡行吗？
3. 如果将发光二极管串联，它们发光的情况会如何？

发散思考

1. 可以利用自行车运动发出的电带动微型收音机吗？
2. 可以用多个线圈来发电吗？

弓箭

人类使用弓箭的历史可以追溯至两万多年以前的石器时代。在火器出现之前，弓箭一直是人类重要的狩猎工具和战斗武器。在反映古代战争的影片和戏剧中，弓箭的运用非常普遍。如今在动画和漫画作品中也经常会看到弓箭的身影。现在，射箭已经成为一个重要的体育竞技项目，各种各样的玩具弓箭也深受小朋友的喜爱。尽管世界各地的人们使用的弓箭在外形和性能上有很大差异，但在力学原理上，所有的弓箭都是一样的。常见的一种弓箭是复合弓，其弓臂由两种以上不同弹性的材料复合而成（通常是牛角和木材），两者间用动物胶黏合成“C”形，由于复合材料韧性适中，一般只需要比较短的弓臂就能提供足够的张力。

· 探索主题 ·

弓箭的制作原理

搜集资料

查找有关古代战争知识、弓箭制作等方面的资料。

提出假说

弹性物体具有保持自身形态不变的特性。当物体受到外力作用而发生形状改变时，会产生一种使物体形状复原的作用力，这种作用力就叫回复力。对于弓箭来说，拉动弓弦时，弓臂和弓弦会发生形变，产生巨大的回复力。一般来说，材料的质地决定回复力的大小，弓臂比弓弦更重要。制作弓臂的材料韧性越好，弓箭的性能就越好。当我们用力拉弓时，拉力大于回复力，整个弓体（弓臂和弓弦）在外力作用下发生弯曲，拉到一定位置瞄准时，拉力等于回复力。松手时，拉力消失，回复力作用在箭杆上，将箭杆射出。

实验材料

1. 一根硬质竹条（长 80 厘米，宽 4 厘米）
2. 一根细尼龙绳（60 厘米）
3. 一把小刀
4. 一根小竹棍（30 厘米）

安全提示

1. 射箭时千万不要对着人，以免造成伤害。
2. 小心被弓臂或弓弦弹伤。
3. 使用小刀时要注意安全，避免伤人。要在成人陪伴下进行操作。

·实验设计·

自制一把弓箭并进行射箭比赛，体会弓箭的制作原理。

·实验程序·

1. 用小刀在竹条的两端分别刻出一道细槽。
2. 在竹条的一端系好细尼龙绳，用力把竹条弯成C状，作为弓臂。把细尼龙绳系在另一端，当作弓弦。注意一定要绷紧系牢。
3. 在小竹棍的尾端用小刀刻出一个“V” 形的小槽，前端刻出一个箭头作为箭。
4. 用砂纸打磨“弓”和“箭”的边缘，使其平滑、不扎手。
5. 把小竹棍的小槽卡在细尼龙绳上，用力向后拉小竹棍，然后松手，小竹棍就会被射出。
6. 分别改变竹条和小竹棍的大小、竹条的弯曲程度、尼龙绳的绷紧程度，测量并记录小竹棍被射出的距离。

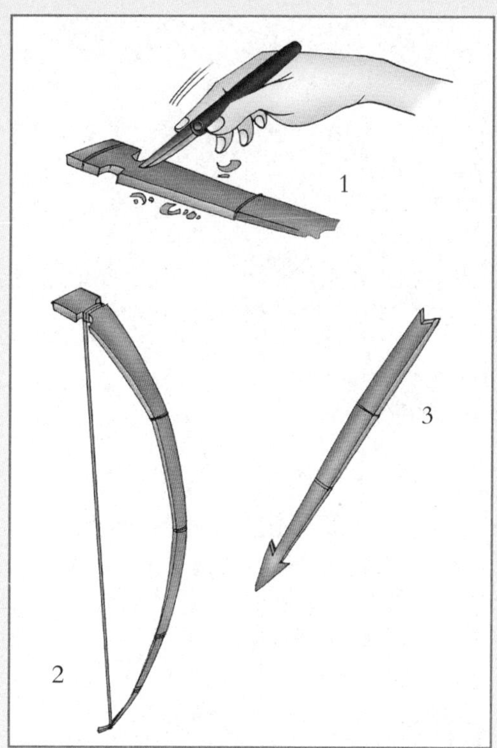

实验数据

影响因素		箭的飞行距离
弓的质量	大	
	小	
箭的质量	大	
	小	
弓的弯曲程度	大	
	小	
弦的松紧	松	
	紧	
风向	顺风	
	逆风	
是否在箭的尾部增加羽毛	是	
	否	
箭的粗细	较细	
	较粗	

分析讨论

1. 箭杆飞出的速度与用力大小是什么关系?
2. 用力过大会不会把竹条拉断?
3. “V”形小槽的作用是什么?
4. 如何瞄准远处的目标?

发散思考

1. 箭飞出后，为什么会发飘?
2. 用什么材料做弓箭最好?
3. 如何加大弓箭的射程?

旋转的陀螺

抽陀螺，是一种相当古老而现代人仍然很喜欢的游戏。宋朝时，我国就已经出现一种类似陀螺的玩具，叫作“千千”。“千千”是个长约3厘米的针形物体，放在象牙制的圆盘中，玩的人用手拧着旋转，比赛谁转得最久。“陀螺”这一名词，最早出现在明朝。刘侗、于弈正合撰的《帝京景物略》有：“杨柳儿青，放空钟；杨柳儿活，抽陀螺；杨柳儿死，踢毽子”的记载。当时的陀螺是一个圆锥形的短木，上端微微隆起，下端尖锐。抽陀螺的方法非常简单。玩时，先把它用手拧转后放在地上，再用一根小鞭儿抽它，使它旋转，一面转一面抽，就会转个不停。由于时代进步，制作材料不同，大家玩的陀螺各式各样，且玩法也有不同。尤其是木陀螺，由于成人的参与，陀螺愈玩愈大，从数十克到3千克、6千克、十几千克、30千克，甚至到70千克、90千克的，都有人玩。

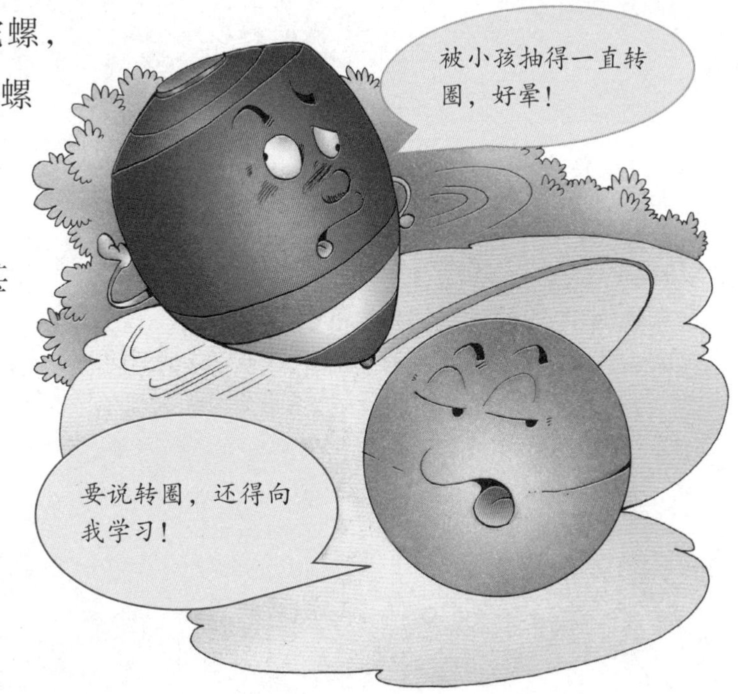

探索主题

陀螺高速旋转并且保持稳定的原因

提出假说

一对大小相同、方向相反的力组成力偶，当它作用于物体的轴心时，可以使物体发生旋转。力量越大，作用时间越短，物体旋转就越快，旋转时间就越长。由于陀螺旋转的轴心在它的中心，所以不会发生偏转，能量损耗比较小，旋转时间就比较长。

搜集资料

到图书馆或上网查找有关陀螺的资料，向长辈询问他们小时候的玩法。

实验材料

1. 卡片纸
2. 剪刀
3. 美工刀
4. 胶
5. 竹筷子

安全提示

小心使用剪刀和美工刀，不要划破手指。

实验设计

制作一个简易的纸陀螺，感受一下陀螺旋转的平稳性与轴的长短及力量的关系。

· 实验程序 ·

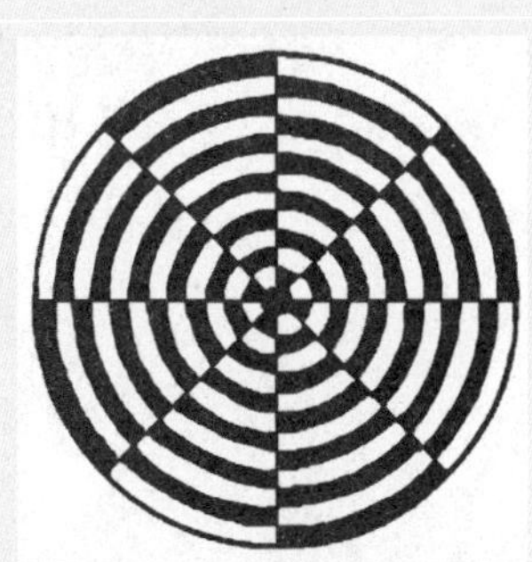

1. 在卡片纸上绘制右边的图形。
2. 用剪刀剪下圆形。
3. 将竹筷子分成两段(请小心用美工刀切)，取其中较细的一端。
4. 用美工刀在圆形的中央处画上“十”字(不用太大)。

5. 将竹筷子插入圆形的中央。
6. 用胶固定圆形中心点与竹筷子的交接处，一个简易的纸陀螺就做好了。

7. 使纸陀螺正立，下端放到桌面上，利用大拇指和食指握紧纸陀螺的轴柄上端，迅速旋转，纸陀螺就开始旋转了。
8. 观察陀螺表面的图形发生了什么变化。

· 实验数据 ·

旋转速度	较慢	较快	最快
纸陀螺表面的现象			

分析讨论

1. 陀螺为什么会平稳旋转?
2. 纸板上的颜色有什么变化?
3. 怎样才能使陀螺转得更快?
4. 在什么样的地方转得更稳?

发散思考

1. 改变纸板颜色，会有什么现象?
2. 竹筷子的长短对旋转时间有什么影响?

会飞的竹蜻蜓

在古老的神话传说中，阿拉伯人的飞毯和古希腊诸神的战车都是垂直起落的飞行器。人类有史以来就向往着能够自由飞行。古老的神话故事诉说着人类早年的飞行梦，而且梦想的飞行方式都是原地腾空而起，像现代直升机那样既能自由飞翔又能悬停于空中，并且能随意实现定点着陆。直升机是一种没有机翼的飞机，它不但能垂直起飞，还能停留在空中， 而且它不需要跑道就能起飞降落，所以能前往其他类型飞机不能到达的地方，比如救护直升机可以在高山或海上利用绞盘垂放绳索，安全救出受困人员。可是，你知道吗？首先设计出直升机雏形的居然是著名画家达·芬奇，而与直升机升空原理相似的就是我们经常可以见到的玩具——竹蜻蜓。

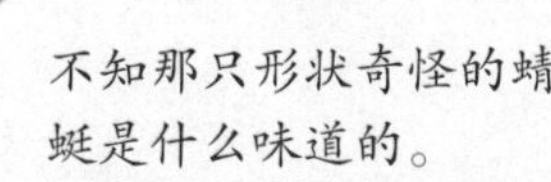

·探索主题·

直升机能够垂直升空的原理

提出假说

竹蜻蜓的桨叶以螺线形状的翼面在空气中旋转，形成的气流旋涡对翼面下方产生一个向上的力。旋转速度越快，产生的力就越大。当这个向上的力超过竹蜻蜓本身的重量时，竹蜻蜓就腾空而起。同样，直升机是利用螺旋桨的空气动力实现垂直升空的。但它们只是垂直升空的原理相似，因为直升机还可以通过改变螺旋桨桨叶方向产生向前的水平分力克服空气阻力，使直升机前进。

搜集资料

到航模馆、图书馆或军事博物馆查找有关直升机和竹蜻蜓升空原理的资料。

·实验设计·

竹蜻蜓呈T字形，横的一片像螺旋桨，中间有一小孔，下面插一根直的竹棍。用两手搓转这根竹棍，竹蜻蜓便会旋转起飞，当力量减弱时落到地面。

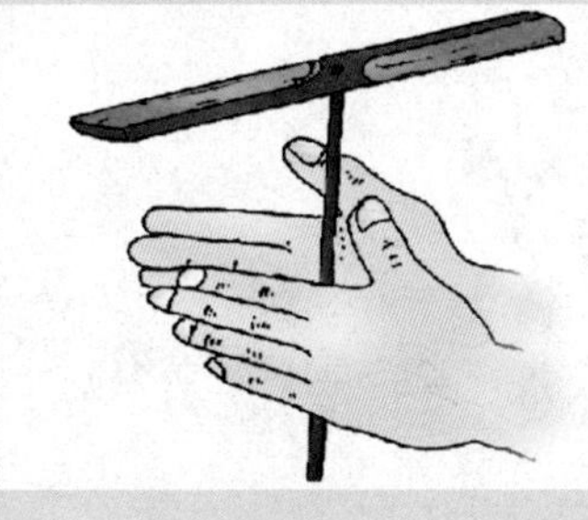

实验材料

1. 一个竹片
2. 一根 14 厘米长的竹筷子
3. 小锯子
4. 美工刀
5. 尺
6. 快干胶

安全提示

1. 使用刀锯时小心受伤。
2. 注意不要让竹蜻蜓伤到人。

·实验程序·

1. 取一段竹片，长约15厘米，宽约1.5厘米，厚约0.8厘米。

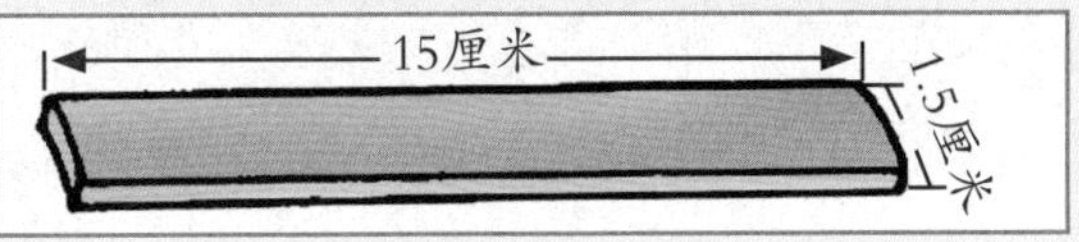

2. 将竹片上面及下面曲面部分削平。

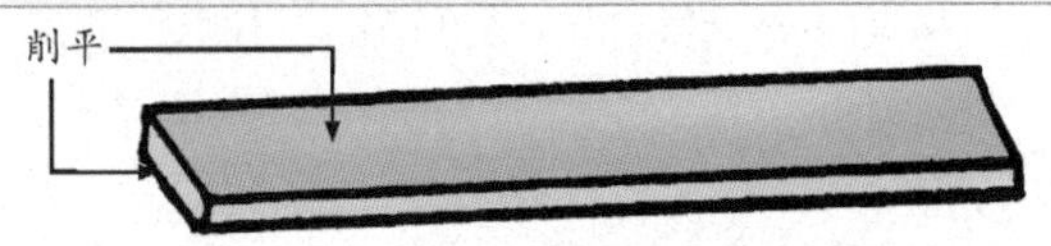

3. 用尺子量竹片中心点，并用油性签字笔画点做记号，然后在中心点两边约0.8厘米处各画一条线做记号（上面和下面都要做记号）。

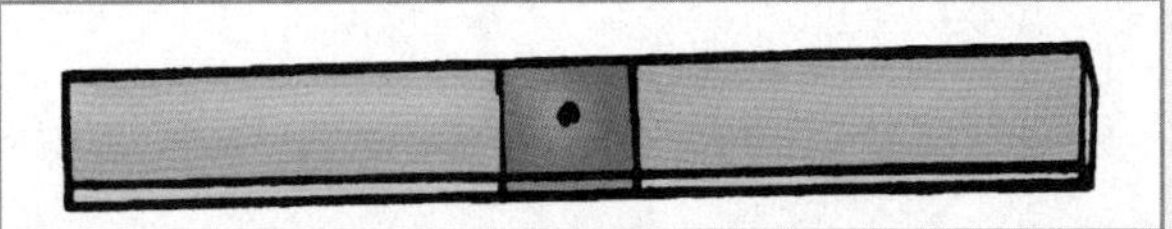

4. 将画好的线的两边削成斜面（如图1所示），注意竹片两边倾斜面的厚度及长度要相同，飞行时才会平稳。
5. 在竹片中心点挖孔。

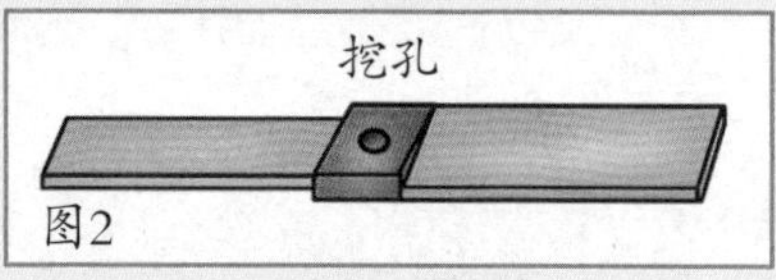

图2

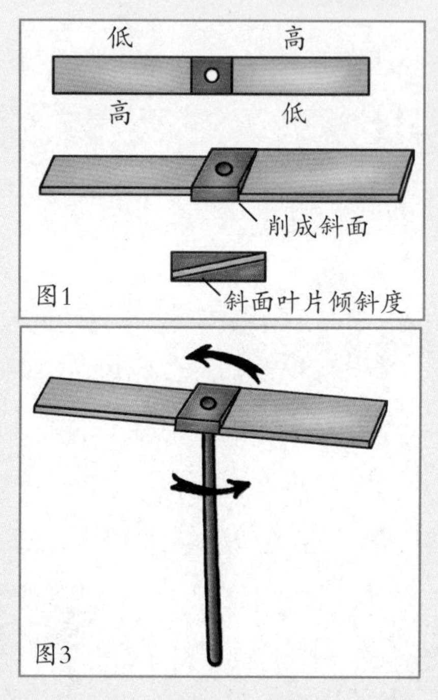

图1
图3

6. 取长约14厘米的竹筷子一根，上端削成适合的粗细，插入竹片中心孔中，在筷子插入竹片接合处，可滴入快干胶，以避免筷子脱落。胶干后，竹蜻蜓就做好了。
7. 用两手快速搓转竹筷子，然后松手，竹蜻蜓便会旋转着起飞。
8. 分别改变竹片大小、搓转筷子的力量等，多做几次实验，观察竹蜻蜓的飞行情况。

· 实验数据 ·

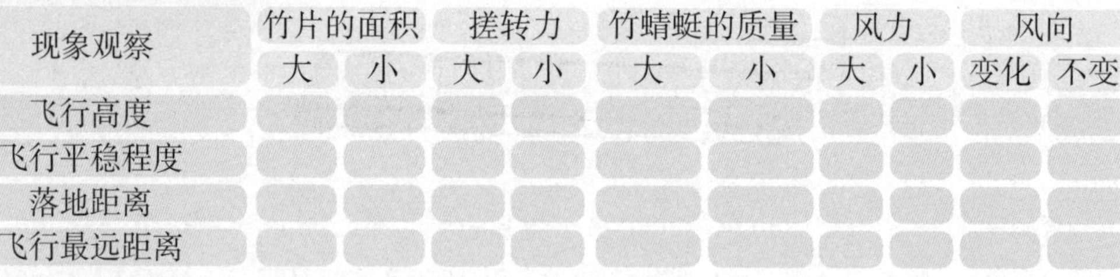

现象观察	竹片的面积		搓转力		竹蜻蜓的质量		风力		风向	
	大	小	大	小	大	小	大	小	变化	不变
飞行高度										
飞行平稳程度										
落地距离										
飞行最远距离										

分析讨论

1. 要使竹蜻蜓稳定飞行，筷子为什么不可以太轻或过重？
2. 为什么竹片两边倾斜面的厚度及长度要相同？

简单的风筝

当大地回春、风和日丽，或秋高气爽、清风阵阵的时候，看着自己做的风筝在一望无垠的蓝天中缓缓上升，越飞越远，该是一件多么愉快的事情！我国传统风筝种类繁多，造型也相当复杂。下面我们将要制作的陀螺风筝，构造虽然简单，但是飞行的效果却相当不错。

探索主题

制作一只简单的风筝

提出假说

一只飞翔着的风筝，通常受三种力的作用：重力、风的机械力和绳子的拉力。要使风筝稳定地飘在天空中不坠落，必须注意保持这三种力的平衡。

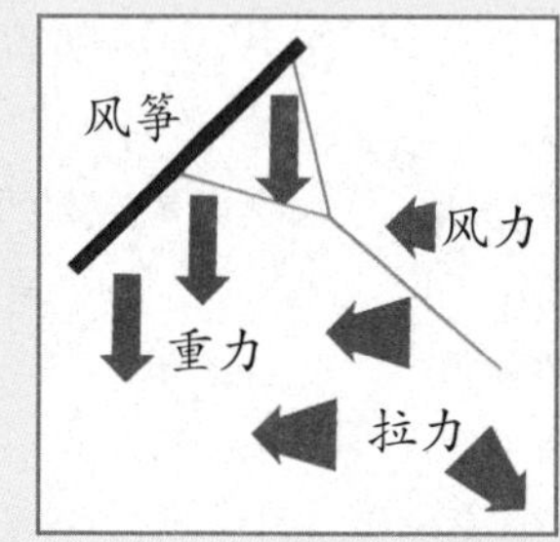

搜集资料

到图书馆或上网查找与风筝、力的平衡有关的资料。

实验材料

1. 竹条若干
2. 彩色化纤布
3. 细棉线与细尼龙绳
4. 线若干
5. 小刀

实验设计

做风筝时，首先应该计算一下你做的风筝的翼面荷重。翼面荷重=风筝质量(克)/风筝面积(100平方厘米)。如果风筝质量为50克，面积为2000平方厘米，则翼面荷重为2.5；也就是说，你所做的风筝的翼面每100平方厘米所产生的升力至少能托起质量为2.5克的物体。查找有关资料可以看到，此时至少需要二级风。此外，较重要的就是风筝的受风情形及提线的绑法。受风情形可分为软面及硬面，软面为不完全封闭的受风面，硬面为完全封闭的受风面，前者较后者稳定。提线是用来控制风筝升降的，因此它的重要性不言而喻。最主要的是其位置、长短及角度；提线可能有一条至数十条，无论有几条提线，其主施力点都应在风筝重心的偏上方。

安全提示

1. 使用小刀时要小心。
2. 放风筝时要注意安全，不要在高压电线附近放风筝。

·实验程序·

1. 将竹条削细，制成若干根竹筋。其中纵向主竹筋长约50厘米，两根横竹筋的长度分别按照下图（骨架背面图）中的比例确定。
2. 根据骨架背面图将主竹筋及两根横竹筋用细棉线固定绑好，横竹筋的竹皮部分要向前紧贴风筝布。
3. 风筝制作完成后，以主骨为中心，将两条横筋往后微弯，并把横过上方的支骨向后微弯成弓形，以帮助泄风。
4. 加上增加稳定性的飘带做尾巴。注意飘带要长，但不可以笨重，因其运动时呈蛇形，可抵消倾斜的力量。
5. 装好提线。
6. 到一个开阔的地方去放风筝吧！

· 实验数据 ·

飞行情况	风筝面积		风力		风向	
	大	小	大	小	变化	不变化
飞行高度						
平稳情况						

分析讨论

一只风筝能不能飞得好，除了风筝本身之外，还要考虑到提线的绑法，你的经验是什么？

怎样使风筝越飞越高？

发散思考

1. 假如你是一位古代将军，你会怎样用风筝传递消息？
2. 设计一个实验，用风筝研究风力大小。

你知道吗？

风级	名称	陆地情况	风速(米/秒)
0	无风	炊烟直上	0 ~ 0.2
1	软风	炊烟指向，风标不动	0.3 ~ 1.5
2	轻风	风拂面，树叶有声，风标移动	1.6 ~ 3.3
3	微风	树叶及微枝摇动，轻旗招展	3.4 ~ 5.4
4	和风	小枝摇动，灰尘飞舞	5.5 ~ 7.9
5	清风	小树摇摆，中枝摇动，湖面起波	8.0 ~ 10.7
6	强风	大枝摇动，电线作声，举伞困难	10.8 ~ 13.8
7	疾风	树干摇动，人行略有阻力	13.9 ~ 17.1
8	大风	吹折树枝，行人不易前进	17.2 ~ 20.7
9	烈风	房屋轻微损毁，烟囱等被吹毁	20.8 ~ 24.4
10	狂风	拔树木，毁房屋，陆地上鲜见	24.5 ~ 28.4
11	暴风	陆地上罕见，灾害区域较大	28.5 ~ 32.6
12	飓风	严重风灾	32.6以上

奇妙的温控开关

温控开关就是根据所要控制的对象的温度来决定通断的开关。在日常生活中，温控开关可能是我们接触最多，也是最简单的控制元件，在很多小家电中都能看到它的身影。最常见的温控开关是双金属温控开关。我们知道，大多数金属有热胀冷缩的特性，而不同金属随着温度变化的膨胀和收缩程度不一样，双金属温控开关就是根据这个原理来工作的。这种温控开关的特点是简单便宜，虽然精度不高，但适合小电流设备。在电熨斗、电热水壶和电烤箱中使用的都是双金属温控开关。荧光灯中的启辉器也是借助这个方法，让电路在瞬间一通一断，使整流器产生启动需要的瞬间高压。下面，我们就动手做一个双金属温控开关。

·探索主题·

制作双金属温控开关

提出假说

不同金属具有不同的热胀冷缩的特性。利用它们随温度膨胀或收缩程度的差异，可以使它们起到开关的作用。

搜集资料

到图书馆或上网查找与双金属片、热胀冷缩、温控开关有关的资料。

安全提示

1. 打开氖泡时应注意不要被玻璃割伤。
2. 使用火柴或打火机时要十分小心。
3. 本实验应在成人指导下进行。

实验材料

1. 一个废启辉器
2. 小灯泡（2.5伏，0.3安）
3. 两节一号电池
4. 一个电池匣
5. 火柴或打火机

·实验设计·

启辉器的氖泡中有一个双金属片温控开关，可以利用双金属片的受热形变控制电路的通断。

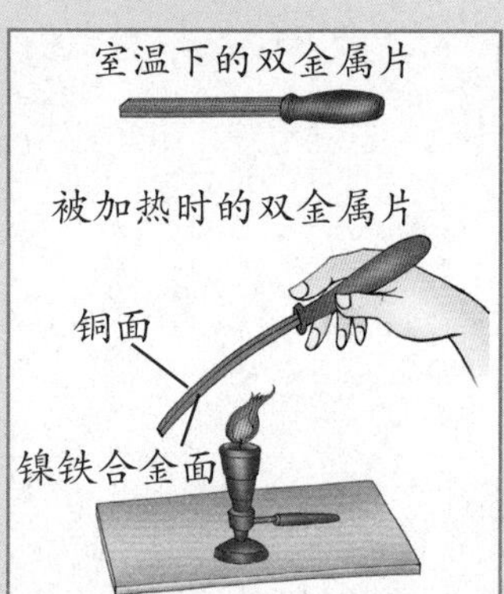

实验程序

1. 将废启辉器内的氖泡取出，并将其玻璃外罩敲掉，以增大感温的灵敏度。
2. 将电池、小灯泡、氖泡用导线串联起来。
3. 将点燃的火柴移近氖泡时，观察小灯泡是否亮了。
4. 移开火柴，观察小灯泡的亮灭。

实验数据

火柴位置	移近氖泡	移开氖泡
小灯泡的亮灭		

分析讨论

1. 为什么双金属片受热时会发生弯曲?
2. 比较铜和镍铁合金热膨胀系数的大小。

发散思考

请利用双金属温控开关的原理，设计一个家用恒温取暖器。要求在一定温度下取暖器接通电源而发热，到达一定温度后取暖器便自动关闭。

你知道吗?

家用燃气热水器是怎样利用双金属温控开关实现自动熄火的?

家用燃气热水器已在城市居民中广泛使用，如果没有安全措施，很容易引起煤气中毒或火灾。一般家用燃气热水器可以看成一个以燃气为燃料的小锅炉——它的“锅”是用很薄的金属做成的“换水器”。大多数家用热水器是“直流式”：水一边流动一边被加热，冷水到出口就变成热水了。由于管子里的水量很小，所以热得快，但缺点是水很容易烧干。一旦水不流了就得赶紧熄火，否则不仅水很快会烧干，还会把热水器烧坏，造成安全问题。另外，燃气或是它排出的烟气，都是有毒的。热水器一般装在通风的地方，但这又导致了新问题：一方面火容易被风吹灭，另一方面洗澡人看不到火的燃烧情况；再加上人们为了节约用水，洗澡时的用水特点是断断续续的。鉴于这些问题，有的燃气热水器设计了长明小火：洗澡前把它点着，用热水时它把大火引燃，不用时它作为火种保持着燃烧。为了防止长明小火被吹灭（火灭之后放出来的燃气得不到燃烧，会使人煤气中毒甚至引起火灾），工程师专门设计了灭火自动关气的装置。其中最常见的是双金属片自动灭火关气装置。在原理图中我们可以看到：在气阀杆上端连接了一个弯曲的双金属片，双金属片处在长明小火的旁边，靠小火把它加热才能使气阀开启。若是小火灭了，双金属片冷却伸展就把燃气阀关闭。

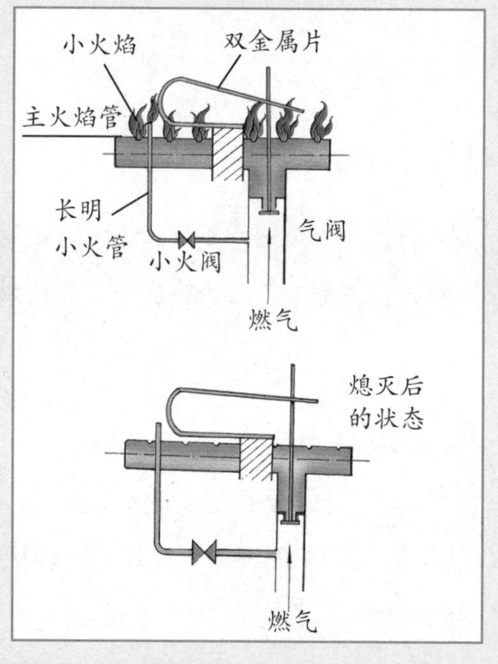